BEI GRIN MACHT SICH IHR WISSEN BEZAHLT

- Wir veröffentlichen Ihre Hausarbeit, Bachelor- und Masterarbeit

- Ihr eigenes eBook und Buch - weltweit in allen wichtigen Shops

- Verdienen Sie an jedem Verkauf

Jetzt bei www.GRIN.com hochladen und kostenlos publizieren

Alexander Rothe

Die Techniken des Farbwechsels von Tieren und ihre bionischen Anwendungsfelder

GRIN Verlag

Bibliografische Information der Deutschen Nationalbibliothek:

Die Deutsche Bibliothek verzeichnet diese Publikation in der Deutschen National-
bibliografie; detaillierte bibliografische Daten sind im Internet über http://dnb.d-
nb.de/ abrufbar.

Impressum:

Copyright © 2009 GRIN Verlag GmbH
Druck und Bindung: Books on Demand GmbH, Norderstedt Germany
ISBN: 978-3-640-76569-0

Dieses Buch bei GRIN:

http://www.grin.com/de/e-book/162771/die-techniken-des-farbwechsels-von-tieren-
und-ihre-bionischen-anwendungsfelder

GRIN - Your knowledge has value

Der GRIN Verlag publiziert seit 1998 wissenschaftliche Arbeiten von Studenten, Hochschullehrern und anderen Akademikern als eBook und gedrucktes Buch. Die Verlagswebsite www.grin.com ist die ideale Plattform zur Veröffentlichung von Hausarbeiten, Abschlussarbeiten, wissenschaftlichen Aufsätzen, Dissertationen und Fachbüchern.

Besuchen Sie uns im Internet:

http://www.grin.com/

http://www.facebook.com/grincom

http://www.twitter.com/grin_com

Helmut-Schmidt-Universität Hamburg

Von Alexander Rothe

Die Techniken des Farbwechsels von Tieren und ihre bionischen Anwendungsfelder

Hamburg, den 26.06.2009

Inhaltsverzeichnis

„Die Evolution favorisiert den Schwindler. Bei jeder Art hat immer das Individuum die größten Überlebenschancen, das rivalisierende Artgenossen, Fressfeinde und Beutetiere am besten zu täuschen vermag"

Mary Batten, Autorin[1]

1. Einleitung

Farben in der Natur sind vielfältig und erstrahlen in den verschiedensten Tönen in jeder vorstellbaren Mischform. Die Krönung der Evolution in dieser Farbenvielfalt stellt die Fähigkeit dar, die Farbe wechseln zu können. Die Gründe warum die Natur die Befähigungen entwickelt hat, sind genauso vielseitig wie der Umfang den die Tierarten bieten. Für einige gehört es zum Paarungsritual, um dem möglichen Geschlechtspartner zu imponieren. Für andere ist es eine absolute Notwendigkeit, um sich zu tarnen und sich den Angriffen körperlich überlegener Feinde zu entziehen.

Genauso unterscheiden sich auch die Methoden, welche die Natur für den Farbwechsel ausgeprägt hat. Farbpigmente sind nicht die einzigen verfügbaren Mittel, um die leuchtenden Farben zu erzeugen, wie sie in der Natur zu finden sind. Es sind noch nicht alle Methoden erforscht und viele Geheimnisse sind noch in den Oberflächen der Lebewesen versteckt, die es aufzudecken gilt.

Die Motivation der Bionik-Wissenschaftler liegt in der Übertragung dieser Prinzipien auf unsere Technologien. Dabei müssen sie berücksichtigen, dass sich Lebewesen nicht nachbauen lassen, da es grundsätzliche Unterschiede zu technischen Geräten gibt. Die Forscher nutzen die gewonnenen Erkenntnisse, um einen eigenen technischen Zweck effizienter zu machen oder überhaupt erst zu erreichen.

Diese Hausarbeit soll einen Einblick in ausgewählte Lebewesen gewähren, welche die Fähigkeit des Farbwechsels haben. Es sollen die wissenschaftliche Erklärung für den Prozess dargestellt, sowie soweit vorhanden Modelle vorgestellt werden, die es gibt, um diese Technik auf unsere Technologien zu übertragen. Die möglichen bionischen Anwendungen geben den Anreiz für diese Forschungen und werden nach aktuellen Informationen aufgezeigt aber auch kritisch betrachtet. Die Wirtschaftlichkeit des zu erreichenden Ziels ist ein wesentlicher Faktor. Neue Produkte brauchen fundamentale Verbesserungen gegenüber Vorgängerprodukte in Bereichen wie Kostensenkung oder Umweltverträglichkeit, um sich auf dem Markt etablieren zu können.

---

[1]Vgl. Sleeper, Barbara; Wolfe, Art (2005): S.3.

2. Begriffsdefinitionen

Im Vorfeld müssen die Termini erläutert werden, welche für das Verständnis der vorliegenden Arbeit eine wichtige Grundlage bilden. Dazu soll der Begriff der Tarnung erläutert werden, welcher den Farbwechsel bei einigen Tieren unabdingbar macht, um das Überleben und den Fortbestand der eigenen Spezies zu sichern. Eine wichtige Rolle bei der Farbe von Tieren insbesondere dem Farbwechsel spielt das Verständnis von Interferenzfarben, da dieses Prinzip jede Grundlage für erforschte Erkenntnisse ist.

2.1. Tarnung

Die Tarnung entspricht der Anpassung eines Lebewesens an die Gegebenheiten der Natur hinsichtlich Verhalten, Farbe oder Gestalt.[2] Die Nahrungskette im Tierreich ist lang und umfangreich, das macht es gerade kleinen Arten schwer den eigenen Fortbestand zu sichern. Es gilt das Recht des Stärkeren und des Größeren und fressen oder gefressen werden spielen eine wichtige Rolle. Tiere, die weit unten auf der Nahrungskette stehen, haben sich auf diese Gegebenheiten über Jahrtausende eingestellt. Täuschung und Tarnung werden in Form von Aussehen oder Nachahmung von Geräuschen umgesetzt. Der Höhepunkt der Tarnung, in der Form des Aussehens, spiegelt die Anpassung der Farbe an das gegebene Umfeld wieder.[3] Die Kombination der angepassten Farbe sowie Form macht die Lebewesen nahezu unsichtbar und für Feinde unmöglich, diese aufzuspüren.

2.2. Interferenzfarben

Für die Differenzierung von Farben waren viele Jahrtausende der Evolution nötig. Farbe wird aufgrund der elektromagnetischen Wellenlängen des Lichtes im sichtbaren Spektralbereich aufgenommen. Das Licht wird nach molekularem Aufbau des Stoffs reflektiert und durch einen komplexen neurophysiologischen Vorgang zwischen Auge und Gehirn interpretiert.[4] Im Tierreich müsste man zum Teil von Falsch-Farben sprechen, wenn es um die farbliche Beschaffenheit der Oberfläche dieser geht. Es handelt sich hierbei um lichtbrechende Strukturen, die nach

---

[2]Vgl. http://de.encarta.msn.com/encyclopedia_721567536/Tarnung.html (12.06.09).
[3]Vgl. Sleeper, Barbara; Wolfe, Art (2005): S.4ff.
[4]Vgl. http://de.encarta.msn.com/encyclopedia_761577547/Farbe.html (09.06.2009).

Lichteinstrahlung die Farbe verändern. Diese durch Interferenz erzeugten Farben sind also keine richtigen Farben.[5]

Interferierte Lichtwellen

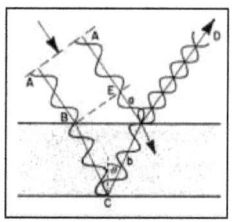

Abbildung 1 entnommen aus Causes of Color

In Abbildung 1 ist dieses Prinzip ersichtlich. Lichtwellen des Typs A, welche die gleiche Wellenlänge haben, werden in Punkt C reflektiert. Die reflektierten Wellen überlagern sich mit Lichtwellen desselben Typs und erzeugen eine Wellenlänge die der abgestrahlten Farbe entspricht.

Nach der Struktur der Oberfläche wird das Licht gespiegelt, absorbiert und überlagert.[6] Es entstehen Mischformen, die nicht nur auf der Netzhaut entstehen, sondern sich auch im Gehirn formen.

Typen von Interferenz

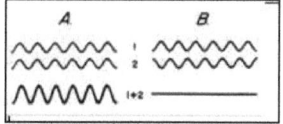

Abbildung 2 entnommen aus Causes of Color

Es sind konstruktive und destruktive Interferenzen wie in Abbildung 2 zu unterscheiden. Lichtwellenlinien 1 und 2 erzeugen Verstärkungen wenn sie sich in einer Phase befinden wie in Schema A. Diese Verstärkung heißt konstruktive Interferenz. Wenn sie sich nicht in der gleichen Phase befinden löschen sich diese gegenseitig aus wie in Schema B. Es entsteht eine destruktive Interferenz. Die meisten Farben in der Natur werden zum Tarnen genutzt.

---

[5]Vgl. World Wide Fund for Nature und Pro Fotura, S.34.
[6]Vgl. http://www.webexhibits.org/causesofcolor/15A.html (16.06.2009).

3. Das Chamäleon

Die Familie des Chamäleons lebt seit 60 bis 100 Millionen Jahren auf der Erde. Ihr Hauptverbreitungsgebiet erstreckt sich über Afrika bis auf Madagaskar.[7] Lange wurde davon ausgegangen, dass Chamäleons aus Gründen der Tarnung ihre Farbe an den Untergrund anpassen. Betrachtet man den natürlichen Lebensraum des Chamäleons, lässt sich diese These wiederlegen. Chamäleons sind von Natur aus grünlich mit dunklem Flecken, was eine hervorragende Tarnung in ihrem natürlichen Lebensraum mit dichtem Gebüsch und Bäumen bewirkt. Es sind Stimmungsschwankungen, die sich auf die Farbe eines Chamäleons auswirken.[8] Die vielfältig möglichen Verfärbungen der Haut dienen dem Chamäleon als Kommunikations- und Mitteilungsmittel gegenüber den Artgenossen. Die Tiere haben keinen direkten Einfluss auf die angenommene Farbe, da die Reaktionen durch Nervenreize ausgelöst werden, die eine Größenveränderung von pigmenttragenden Hautzellen auslösen. Bei Paarungsbereitschaft verfärben sich die meisten Chamäleons in die buntesten Farben. Stress lässt sie in schillernden Farben erscheinen und Angst verursacht eine schwarze Verfärbung als Zeichen ihrer Unterlegenheit. Diese Färbungen unterscheiden sich von Art zu Art, wobei 160 Arten bekannt sind.[9]

3.1. Wissenschaftliche Erklärung

Die Funktion des Farbwechsels lässt sich in den Schichten der Haut des Chamäleons finden, diese Die oberste Schicht ist die Oberhaut (Epidermis). Diese Oberhaut besteht aus mit der Haut zusammengewachsenen verhornten Schuppen. Die oberste Schicht der Oberhaut wächst nicht weiter und wird von Zeit zu Zeit ersetzt, da sie aus toten Keratinzellen besteht. Die für den Farbwechsel erforderlichen Hautzellentypen liegen unter der Oberhaut in Schichten übereinander. In der obersten Schicht können durch die Pigmentzellen Gelb- oder Orangetöne erzeugt werden, was auf die Inhalt von Karotinen zurückzuführen ist. Die Zellschicht darunter gibt braune oder schwarze Töne durch enthaltene Melanine ab. Die unterste Schicht ist durchsichtig. Sie kann das einfallende Licht brechen und reflektieren, was bläuliche Töne entstehen lässt. Betrachtet man die Haut eines Chamäleons, sieht

---

[7]Vgl. Kieselbach, Dominik; Müller, Rolf; Walbröl, Ulrike, S.5.
[8]Vgl. Duden – Die Tiere „Chamäleon" S.188.
[9]Vgl. http://www.chamaeleonwelt.com/haltung/farbwechsel-von-chamaeleon.html (02.05.09).

man die oberste Zellschicht, wenn diese mit Karotin gefüllt ist. Lässt diese Füllung nach, kommt die zweite Schicht zum Vorschein. Ist diese ebenfalls lichtdurchlässig, reflektiert die dritte Schicht das Licht und erzeugt einen bläulichen Ton. Wenn wenige Zellen mit Farbstoffen gefüllt sind, leuchtet das Chamäleon hell und bunt. Sind viele gefüllt erscheint es analog dunkel bis schwarz.[10] Dieses Verändern der Hautschichten kann das Chamäleon nicht bewusst erwirken. Vielmehr spielen Temperatur, Licht, Hunger, Angst und Krankheit eine wesentliche Rolle, welche Einfluss auf den Erregungszustand haben. Die stimmungsabhängigen Verfärbungen konnten während eines Versuches mit Sonnenstrahlen am Chamäleon über mehrere Tage und anhand mehrerer Versuchstiere von Stadelmann (1909) bestätigt werden.

3.2. Bionische Anwendungsfelder

Die Fakultät für Gestaltung der Hochschule Berlin entwickelte ein Leuchtobjekt, das computergestützt Farbzusammenspiel und –wechsel imitiert. Die Reizmuster für den Farbwechsel sind dem des Chamäleons nachempfunden. Zusätzliche Abwandlungen der textilen Hülle sind nach dem Vorbild pflanzlicher Zellstrukturen realisierbar.[11] Wirtschaftlich betrachtet könnten Neuerungen im Bereich Farbveränderung in Reaktion auf äußere Einflüsse wie Temperatur und Licht aufgrund des noch nicht vorhanden Seins einen neuen vielseitigen Markt erschließen. Der Bereich der stimmungsabhängigen Farbänderungen ist sehr interessant. Bei Verwendung mit Tieren, die wenige Möglichkeiten haben mit dem Menschen zu kommunizieren, können durch die Entwicklung wesentliche Fortschritte gemacht werden. So könnten Tiere zukünftig Stimmungen wie Hunger oder Angst den Menschen verständlich machen. Dies wäre ein großer Schritt in der Zoologie. Ob der Mensch als solcher ein Interesse an dem Publikmachen der eigenen Emotionen wie zum Beispiel Angst hat, was einem Öffentlich-machen der Privatheit gleichgestellt werden kann, ist kritisch zu betrachten. Privatsphäre wird heutzutage gerade in der westlichen Gesellschaft als wertvolles Gut betrachtet.[12] Die Frage ob ein solches Produkt Abnehmer findet, sollte vorher eingehend geprüft werden.

---

[10]Vgl.www.rp-online.de/public/article/wissen/umwelt/559474/Farbwechsel-des-Chamaeleons.html (14.06.09).
[11]Vgl. http://www.berlinews.de/forschungsmarkt/archiv/74.shtml (07.05.09).
[12]Vgl. Keller, Mitra S.33.

4. Der Herkuleskäfer

Der Herkuleskäfer gehört zur Art des Nashornkäfers, ist im tropischen Südamerika angesiedelt und hat olivgrüne, bis schwarz gesprenkelte Flügeldecken.[13] Lange wurde über den physikalischen Trick gerätselt, den das stärkste Tier der Welt benutzt. Die Bionik-Wissenschaftler beschäftigt nicht ausschließlich das 850-fache des Körpergewichts, welches der Herkuleskäfer tragen kann, sondern die Möglichkeit seine Farbe zu ändern. Bei dem in den Regenwäldern lebenden Herkuleskäfern wurde ein Farbwechsel seiner gepanzerten Flügeldecken von grünlich in schwarz beobachtet. Das Besondere ist die Abhängigkeit der Farbe von der Luftfeuchtigkeit. Je feuchter die Luft ist, umso dunkler verfärben sich die Flügel.

4.1. Wissenschaftliche Erklärung

Mithilfe von modernen Bildgebungsverfahren haben Marie Rassart und ihre Forscherkollegen der Universität von Namur versucht das Rätsel zu lösen. Gesucht wurde in der vielschichtigen komplexen Flügeldecke. Als erstes wurde die Feinstruktur des Käferpanzers mithilfe eines Rasterelektronenmikroskops analysiert. Ein Teil der Wachsschicht wurde entfernt um die Struktur darunter sichtbar zu machen. Zum Vorschein kam ein Netzwerk in der Panzerstruktur aus faserähnlichen Fäden drei Mikrometer unterhalb des Panzers. Die Fäden sind parallel zur Oberfläche angeordnet und stützen zylinderförmige Säulen.[14]

Herkuleskäfer-Panzer

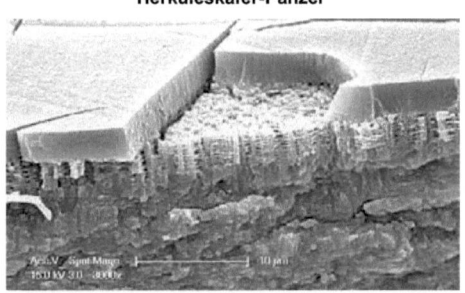

Abbildung 3 entnommen aus Journal of Physics

---

[13]Vgl. Duden - Die Tiere „Herkuleskäfer", S.346.
[14]Vgl. Spektrumdirekt S.4.

In Abbildung 1 sind die Risse in der oberen Schicht der Panzerung sichtbar, welche das Wasser eindringen lassen. Danach wurde mit einem Spektrophotometer die Wechselbeziehung der Struktur mit Licht analysiert. Der Panzer bricht das Licht mittels Interferenz und lässt ein grünes Leuchten entstehen, wenn die Luft trocken ist. Wenn die Luft feucht ist, dringt Wasser durch die undichten Schichten und füllt die Zwischenräume auf. Die im trockenen Zustand erreichte Interferenz wird aufgelöst und das Licht komplett vom Panzer absorbiert. Die Flügel erzeugen bei feuchter Luft das Schwarz.[15]

Über den Nutzen, den dieser Farbwechsel den Herkuleskäfern bringen soll, sind bislang nur Vermutungen zu äußern. Auf der einen Seite ist die Tarnungs- und Schutzfunktion eines dunklen Panzers gerade nachts gegeben, da in der Nacht die Luftfeuchtigkeit ansteigt. Auf der anderen Seite könnte die Dunkelfärbung auch zur besseren Wärmeabsorption während der Nacht dienen.[16]

4.2. Bionische Anwendungsfelder

Erste Modelle wurden entwickelt, die der gleichen porösen Struktur des Herkuleskäferpanzers nachempfunden sind. Bestehend aus Chitin-Bergen und Verkettungen erzeugen diese Interferenzen und eine Färbung ist sichtbar. Feuchte Umgebungsluft verhindert das Zurückstrahlen des Lichts und hebt die Interferenz auf. Die Anwendung dieses Prinzips ist gerade für die Entwicklung neuer Feuchtigkeitssensoren interessant. Überall dort wo Feuchtigkeit nicht erwünscht ist wie im Lebensmittelbereich oder in Wohnungen könnten diese neuen Techniken ihren Einsatz finden. Gerade der Pilzbefall in Wohnungen ist auf die Luftfeuchtigkeit zurückzuführen und kann allergische Reaktionen bis krankmachenden Einfluss auf die Bewohner haben.[17] Feuchtigkeitssensoren sind bislang als elektronische Messgeräte erhältlich. Diese sind von der Temperatur und dem Druck abhängig und bedürfen bei häufiger Nutzung der regelmäßigen Kalibrierung.[18] Eine Folie oder Farbe nach dem Prinzip des Herkuleskäfers kann ohne Strom betrieben werden und ist wartungsarm sowie zuverlässig. Vorteile die Branchen, in der die Luftfeuchtigkeit gering gehalten werden muss, zu schätzen wissen.

---

[15]Vgl. Rassart, M; Colomer, J-F; Tabarrant, T; Vigneron (2008).
[16]Vgl. http://www.g-o.de/wissen-aktuell-7930-2008-03-11.html (12.04.2006).
[17]Vgl. http://www.corak.ch/schimmelpilz_bauphysik.html (14.06.2006).
[18]Vgl. http://nitweb9.nit.at/mp1/smartec-nit-at/intl/de/humidity.php (14.06.2006).

5. Der Schmetterling

Die Gattung der Schmetterlinge ist seit rund 200 Millionen Jahren nachweisbar und derzeit sind mehr als 150.000 Arten bekannt.[19] Sie sind in allen Stadien des Lebens den Angriffen zahlreicher Feinde ausgesetzt. Sie versuchen sich deshalb zu tarnen oder Angreifer abzuschrecken. Dazu kopieren sie giftige, ungenießbare und wehrhafte Tiere.[20] Die männlichen Morpho-Schmetterlinge sind die größten der Welt und ihr strahlendes Blau wird noch von Piloten aus der Entfernung von einem halben Kilometer gesehen. Die leuchtenden Farben helfen Feinde abzuschrecken. Während des Fluges des Schmetterlings wechseln die Farben der Flügel zwischen hellem Blau und dunklem Braun. Wenn die Schmetterlinge die Flügel hoch und runter schwingen, scheinen sie zu verschwinden und eine kleine Entfernung später wieder aufzutauchen. Dieser Farbwechsel kombiniert mit der wellenartigen Flugweise machen es potentiellen Feinden schwer den Schmetterling zu verfolgen. Die Schuppen des Schmetterlings enthalten keine Farbpigmente. Die Farbe wird durch optische Effekte erzeugt.

5.1. Wissenschaftliche Erklärung

Bereits Süffert (1924) beobachtete den Farbwechsel auf den Flügeln und das sich der je nach Aufblickwinkel ändert. Dies führte er auf die gewölbte Form der Schuppen zurück, die je nach Einfallswinkel das Licht reflektieren. Die Schmetterlingsflügel bestehen aus einer farblosen Membrane überzogen mit einer Schicht von Schuppen, die sich überlappen wie Dachziegel. Die Farben entstehen durch Interferenzen, welche durch die Schuppen erzeugt werden. Licht, was auf die Flügel trifft, interagiert mit dem von den Schuppen reflektiertem Licht. Das blaue Schimmern lässt sich durch die Wellenlängen des Lichts erklären. Blaues Licht hat eine Wellenlänge von 400 bis 480nm. Die Schlitze in den Schuppen befinden sich im 200nm-Abstand. Das beträgt die Hälfte der Wellenlänge des blauen Lichts, welches dadurch interferiert wird. Bis zu zwölf Schichten erzeugen die optische Interferenz. Wären sie ein wenig dicker, würden die Flügel grün oder orange erscheinen. Die Schuppen bestehen zusätzlich aus Melanin, ein Material welches Licht absorbiert und so den bläulichen Eindruck verstärkt.[21]

---

[19]Vgl. Duden – Die Tiere „Schmetterling", S.657.
[20]Vgl. Hintermeier, Helmut und Margrit S.18ff.
[21]Vgl. Banerjee, Saswatee; Dong, Zhu.

5.2. Bionische Anwendungsfelder

Der US-Telecom Ausrüster Qualcom hat iMod-Displays entwickelt, die dem Effekt der Schmetterlinge nachempfunden sind. Durch eine Grenzschicht einfallende Lichtstrahlen interferieren mit den Lichtstrahlen, die von einer darunter liegenden Fläche reflektiert werden. Von der dicke des ein Mikrometer dünnen Luftspalts ist die Farbe abhängig. Es entsteht eine konstruktive oder destruktive Interferenz, wobei die konstruktive Wellenlängen verstärkt und die destruktiven abgeschwächt werden. Die verstärkte Wellenlänge wird sichtbar. Der Luftspalt lässt sich elektrisch steuern und verkleinern. Dies geschieht mithilfe eines elektrischen Feldes, das zwischen einer reflektierenden Oberfläche und einer mit Indiumzinnoxid beschichteten Glasplatte erzeugt wird. Bei Erreichen eines bestimmten Feldkräftewertes schließt sich der Luftspalt und minimiert die Interferenzen. Ein umgekehrtes Feld öffnet den Luftspalt und erzeugt die bläulichen Interferenzen. Bisher kam es nach Herstellerangaben nach 13 Milliarden Testversuchen zu keinen Funktionsstörungen. Der Vorgang lässt Rektionszeiten von 50 Mikrosekunden zu. Die Farben des Displays werden über den Luftspalt gesteuert, wobei eine Passiv-Matrix die Ansteuerung übernimmt. Da dieses Prinzip nur wenig Leistung benötigt, ist ein Einsatz gerade in kleinen Mobilgeräten möglich, da sie die Akkubelastung verringern und so ein effizienteres Haushalten ermöglichen.[22]

Schmetterlingsschuppen inspirierten Forscher eine neue Herstellungsmethode von photoanoden Strukturen für mit Farbstoff behandelte Solarzellen (DSC[23]) zu entwickeln. Studien zeigen, dass viele Faktoren die Arbeitsleistung der Solarzellen beeinflussen. Es wurde viel Arbeit in neue Farben und Behandlungsmethoden gesteckt um die Zellen effizienter zu gestalten. Der Einfluss der photoanoden Struktur bringt diesen wesentlichen Vorteil der Effizienz. Das neue Verfahren ermöglicht eine einfache und wirtschaftlichere Gestaltung einer neuen synthetisierten Schmetterlingsflügel-Mikrostruktur, welche eine größere Fläche mit einer perfekten Licht-Wasseraufnahme ermöglicht. Die erfolgreich synthetisierten Schmetterlingsflügelstrukturen geben nicht nur Ideen für die DSC Forschungen. Die Methode könnte Vorlage für weitere Entwicklungen von nanoelektrischen, magnetischen oder photonischen Systemen sein. [24]

---

[22]Vgl. http://www.heise.de/newsticker/Reflektierende-Metallmembrane-fuer-sparsame-Displays-
-/meldung/74048 (09.06.2006).
[23]dye-sensitized solar cells
[24]Vgl. Chemistry of Materials.

6. Cephalopoden

Die Kopffüßer (Cephalopoden) werden volkstümlich als Tintenfische bezeichnet. Zu der Gruppe dieser Weichtiere gehören Kraken, Kalmare, Sepien, Nautiliden, Ammoniten und Belemniten an.[25] Die seit rund 550 Millionen Jahren existierenden Meeresbewohner sind vorwiegend nacht- und dämmerungsaktiv. Tintenfische nutzen nicht nur den Namensgebenden Tintenbeutel um Feinde zu täuschen. Sie zeigen bei Erregung einen schnellen Farbwechsel von Zebrastreifen und Normalfärbung.[26] Sie werden als Meister der Tarnung und intelligenteste Lebensform der Ozeane bezeichnet. Dies ist auf ihrer bemerkenswerten Leistungsfähigkeit sowohl physisch als auch psychisch begründet.

6.1. Wissenschaftliche Erklärung

Ein Teil der Cephalopoden haben Chromatophoren, winzige Farbbeutel in der Haut, die mit Pigmenten gefüllt sind. Diese können durch in Abbildung 4 zu sehende Muskelfasern von bis zu 50% ausgedehnt oder verengt werden. Die im Inneren der Zellen befindlichen Farbpigmente werden zum Vorschein gebracht.

Der Aufbau einer Chromatophore

Abbildung 4 entnommen aus dem Projekt des ISB Bremen

Entspannt sich der Muskel, dehnen sich die Farbbeutel aus und die Haut verfärbt sich an dieser Stelle.[27] Bei erwachsenen Cephalopoden sind zwischen 8 und 240 Farbzellen pro Quadratmillimeter zu finden. Die derzeitigen Methoden zur reversiblen

---

[25] Vgl. http://www.tintenfische.com/ (11.06.09)
[26] Vgl. Duden – Die Tiere „Tintenfisch"
[27] Vgl. World Wide Fund for Nature und Pro Futura

Farbänderungen werden durch chemische Reaktionen realisiert und orientieren sich nicht an dem mechanischen Vorbild. Das Ziel ist die Entwicklung eines Deformationskörpers. Dieser soll im Normalzustand sehr klein und kaum zu sehen sein. Bei Deformation soll die Oberfläche so groß wie möglich werden.

6.2. Bionische Anwendungsfelder

Farbveränderliche Folien wurden gemäß diesem Prinzip entwickelt. Sie beinhaltet viele in Abbildung 5 als 3D-Modell dargestellt versetzte Deformationskörper die eine Oberflächenvergrößerung von 335% möglich machen.

Deformationskörper

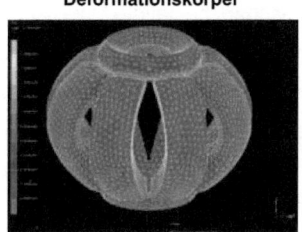

Abbildung 5 entnommen aus dem Projekt des ISB Bremen

Die Einsatzmöglichkeiten der Farbfolie sind aufgrund der Variation der Modifikationen vielfältig und in Bereichen des Designs oder der Medizin denkbar.[28]

Die japanische Firma Fuji Xerox hat künstliche Pigmentzellen entwickelt, welche aus dem Polymer Nipam bestehen, mit dem Farbstoff Kohlenschwarz gefüllt sind und 20 – 60 Mikrometer klein sind. Sie sind schwarz bei Raumtemperatur. Steigt diese an, schrumpfen die Farbbeutel auf ein Zehntel der ursprünglichen Größe. Die Fläche unter den Pigmentzellen erscheint hell. Es wurden Oberflächen entwickelt, die umgekehrt bei Hitze von hell auf dunkel wechseln. Die Anwendung dieses Prinzips ist vielfältig und reicht von Computerdisplays bis hin zu selbstabdunkelnden Autoscheiben bei Hitze. Weiterhin ist eine Verwendung bei Gefahrenschildern möglich, die als Echtzeitanzeiger bei Säure- oder Gasunfällen fungieren.[29] Dieses große Spektrum macht die Folie sehr interessant für viele Bereiche auf dem Markt der Sicherheitstechnik oder im Design.

---

[28]Vgl. Bionik-Innovations-Centrum Bremen.
[29]Vgl. World Wide Fund for Nature und Pro Futura. S.55.

7. Adaptive camouflage

Das US-Militär verwendet seit Jahrzehnten das gleiche Tarnmuster. Fleckendesign die je nach Umgebung farblich angepasst sind versuchen die Konturen des Soldaten zu verschleiern und ihn nicht sofort ins Auge springen zu lassen. Es muss sich für ein Tarnanzug entschieden werden, was sich im laufenden Gefecht, beim Wechsel zwischen Wald- und urbanem Kampf, zum Nachteil entwickeln kann. Das Interesse an selbständig der Umgebung anpassende Technologien ist dementsprechend groß. Die Informationen über laufende Programme werden vom Militär zurück gehalten. Die Technology-Review veröffentlichte 2004 einen Artikel über das „The Invisible Fighter"-Programm, in dem das US-Militär die Arbeit an selbstanpassende Tarnoberflächen bestätigte. Die Reporter erhielten viele Anrufe von interessierten Personen. Militär sowie Regierungsbeamte stellten später die Fakten als falsch dar. Es hieß Interviews wurden zu diesem Gebiet nicht geführt. Das Interesse auf diesem Gebiet sei wohl da, aber nicht in dem Umfang wie aufgeführt. Weitere Recherchen konnten nicht durchgeführt werde, da die vom Presseamt angegebenen Adressen nicht existierten.[30]

Der US-Wissenschaftler Richard Schowengerdt hält das Patent des „Project Chameleo". Die Idee ist ein Videoscreen der die Aufnahmen einer Kamera wiedergibt, die sich hinter dem Objekt abspielen.[31] Es wurde bereits ein Mantel entwickelt, der diese elektro-optische Camouflage verwendet. Schowengerdt erhält immer wieder Einladung als Fachvortragender zu militärischen Symposien.[32]

Kritisch betrachtet haben diese Entwicklungen, bionisch gesehen, nichts mit dem Chamäleon gemeinsam. Wenn man sich die bionischen Inventionen ansieht, bieten diese viel größere Potentiale, gerade was Tarnoberflächen betrifft. Die der Natur abgeschauten Farbwechselfolien sind vom Strom unabhängig, was sie immun gegen elektromagnetische Störungen macht. Die Behauptung liegt nahe, dass an den in dieser Arbeit aufgeführten bionischen Entwicklungen großes Interesse bestehen könnte. Bei Militärausgaben von mehr als 1000 Milliarden. Dollar im Jahr wären wirtschaftlich gesehen die Finanzierungs- und Leistungsmöglichkeiten riesig.

Da das Militär diesen Bereich geheim hält, lassen sich ausschließlich Mutmaßungen äußern.

---

[30] Vgl. http://www.technologyreview.com/business/14454/page1/ (19.06.2009)
[31] http://www.chameleo.net/ (19.06.2009).
[32] http://science.orf.at/science/news/131546 (19.06.2009).

8. Schlussbetrachtung

Die Natur hat sich über Millionen von Jahren physikalische Grundsätze der Optik zu nutzen gemacht und setzt diese gekonnt ein. Mit sehr präzisen Steuerungen über das Nervensystem bis zur unbewussten Reaktion der eigenen Körperoberfläche werden Lichtwellen genutzt, um bisher nicht mögliche Farben erstrahlen zu lassen. Die höchste Stufe dieser Ausprägung nahm die Natur an, als sie Lebewesen die Fähigkeit übermittelte diese Farben anzupassen. Ohne diese Fertigkeit wäre das Überleben mancher Spezies nicht möglich gewesen. Potentielle Feinde werden gezielt getäuscht und verwirrt. Dies geschieht in einigen Teilen unbewusst. Der körpereigene Organismus einiger Lebewesen setzt den Farbwechsel automatisiert ein. Auf der anderen Seite lässt er sich aber auch gezielt steuern. Die Gründe für einige Farbwechsel bleiben unbekannt.

Das Prinzip des Farbwechsels ist bei den vorgestellten Tierarten in großen Zügen ähnlich. Interferenz wird erzeugt, was das Problem der Ausblassung von Farbpigmenten eliminiert. Die Steuerung der Farben erfolgt unterschiedlich. Auch die Einflussfaktoren, welche den Farbwechsel hervorbringen, unterscheiden sich bei den analysierten Lebewesen.

Dies erfordert die separate Erforschung der einzelnen Tiere und ermöglicht gleichzeitig ein großes Spektrum an bionischen Übertragungsfähigkeiten. Dem Bereich des Designs bieten sich vollkommen neue coloristische Möglichkeiten. Die Firma BASF hat die Grundmethode der Interferenz genutzt und eine Folie (Handelsname: Variochrom) entwickelt, die Farben mit ganz neuen Maßstäben möglich machen. Der Einsatzmarkt ist riesig.[33]

Dies ist nur ein Beispiel und zeigt mit den anderen in den Kapiteln vorgestellten ein großes Potential für Erfolg auf dem Markt. Trotzdem müssen in einigen Gebieten genaue Marktanalysen durchgeführt werden. Einige bionische Umsetzungen könnten keinen Erfolg als Endprodukt haben, da sie nicht mit den Bedürfnissen des Menschen aus ethischen oder moralischen Gründen übereinstimmen.

Als Fazit lässt sich formulieren, dass das Spektrum der Technik des Farbwechsels von Tieren riesig und wenig ergründet ist. Die möglichen bionischen Anwendungsfelder erzeugen Motivation und liefern ausreichend Argumente diese Entwicklungen weiter voranzutreiben.

---

[33]Vgl. Goetze, Wolfgang; Schmid, Raimund S.7.

Literaturverzeichnis

A. Schriften:

Banerjee, Saswatee; Dong, Zhu (2007): Optical Characterization of Iridescent Wings of Morpho Butterflies using a High Accuracy Nonstandard Finite-Difference Time-Domain Algorithm, In: Optical Review Vol. 14, No. 6, (2007).

Bionik-Innovations-Centrum Hochschule Bremen (2007): Chromatophoren als Vorbild für technische Farbwechselmechanismen, Eine Arbeit des Internationalen Studigang Bionik (ISB), 2007.

Chemistry of Materials (2008): Novel Photoanode Structure Templated from Butterfly Wing Scales, American Chemical Society, Washington, 2008.

Duden – Die Tiere (1987): Allg. Lexikon- u. Sachbuchred. D. Bibligraph. Inst., Mannheimer Morgen, Großdruckerei und Verlag GmbH, 1987.

Goetze, Wolfgang; Schmid, Raimund (1999): Color Variable Pigmente; KU Kunststoffe, Carl Hanser Verlag, München, 1999.

Hintermeier, Helmut und Margrit (2005): Schmetterlinge im Garten und in der Landschaft, Bayrischer Verband für Gartenbau und Landespflege e.V., Gartenbauverlag München, 2.Auflage, 2005.

Keller, Mitra: Geheimnisse und ihre lebensgeschichtliche Bedeutung, Eine empirische Studie, Lit-Verlag, Bd. 56, 2007.

Kieselbach, Dominik; Müller, Rolf; Walbröl Ulrike (2000): Ihr Hobby Chamäleons, bede-Verlag, Ruhmannsfelden, 2000.

Rassart, M; Colomer, J-F; Tabarrant, T; Vigneron (2008): Diffractive hygrochromic effect in the cuticle of the hercules beetle, In: New Journal of Physics 10, IOP Publishing LTd and Deutsche Physikalische Gesellschaft, (2008).

Sleeper, Barbara; Wolfe, Art (2005): Kunst der Tarnung, Frederking & Thaler Verlag, München, 2005.

Spektrumdirekt (2008): Die Wissenschaftszeitung im Internet, Farbwechsel beim Herkuleskäfer aufgeklärt, 13.März 2008.

Stadelmann, Heinrich (1909): Sonnenstrahlungsversuche am Chamäleon, In: Pflügers Archiv: European Journal of Physiology, Springer Verlag, Heidelberg 2005.

Süffert, Fritz (1924); Morphologie und Optik der Schmetterlingsschuppen, insbesondere die Schillerfarben der Schmetterlinge, S.223 ff, Springer Verlag, 1924.

World Wide Fund for Nature und Pro Futura (2005): Vision des Machbaren, Die Natur zeigt uns den Weg, WWF Dokumentation, Pro Fotura Verlag, 2005.

B. Internetquellen:

http://de.encarta.msn.com

http://nitweb9.nit.at

http://pubs.acs.org

http://science.orf.at

www.berlinews.de

www.chamaeleonwelt.com

www.chameleo.net

www.corak.ch

www.g-o.de

www.heise.de

www.iop.org

www.leo.org

www.rp-online.de

www.spektrumdirekt.de

www.technologyreview.com

www.tintenfische.com

www.webexhibits.org

www.wissenschaft-online.de